Bibliografische Information der Deutschen Nationalbibliothek:

Die Deutsche Bibliothek verzeichnet diese Publikation in der Deutschen National-
bibliografie; detaillierte bibliografische Daten sind im Internet über http://dnb.d-
nb.de/ abrufbar.

Impressum:

Copyright © 2005 GRIN Verlag, Open Publishing GmbH
Druck und Bindung: Books on Demand GmbH, Norderstedt Germany
ISBN: 978-3-668-10541-6

Dieses Buch bei GRIN:

http://www.grin.com/de/e-book/41928/eon2000-monitoring-mit-methoden-der-
fernerkundung-zur-evaluation-von-ffh-gebieten

Daniel Tomowski

EON2000. Monitoring mit Methoden der Fernerkundung zur Evaluation von FFH-Gebieten

GRIN Verlag

Hochschule Vechta

Studiengang Umweltwissenschaften

WS 2004/2005

Seminar: Fallstudien UVP und Eingriffsregelung

Thema der Arbeit:

Earth Observation for Natura 2000 (EON2000+)

– Monitoring mit Methoden der Fernerkundung

zur Evaluation von FFH-Gebieten

Autor: Daniel F. Tomowski

Inhaltsverzeichnis

Inhaltsverzeichnis

1 Einleitung

Die vorliegende Arbeit soll dem Leser einen Überblick verschaffen, was sich unter dem Begriff Natura 2000 verbirgt, wie das Forschungsprojekt EON2000+ in diesem Kontext einzuordnen ist, was die Inhalte des Projektes sind, welche Instrumente durch das Projekt bisher entwickelt wurden und inwiefern diese Instrumente praxistauglich sind. Dazu werden die Arbeitschritte in der Fernerkundung mittels der Software Erdas Imagine, eCognition und ArcGis exemplarisch erläutert, um im Anschluss die aus Fernerkundungsdaten abgeleiteten Indikatoren als Instrumentarium zur Evaluation von FFH - Gebieten genauer vorzustellen. Ferner soll in einer kritischen Abwägung dargestellt werden, welche Vor- und Nachteile die Fernerkundung bei der Evaluation von FFH -Gebieten aufweist.

2 Das europäische Schutzgebietssystem Natura 2000

Unter der Bezeichnung NATURA 2000 ist ein Schutzgebietssystem zu verstehen, das in der Richtlinie 92/43/EWG (FHH - Richtlinie) vom 21. Mai 1992 des Rates der Europäischen Union in Artikel 3 Absatz 1 definiert ist. Dabei soll zur Erhaltung der natürlichen Lebensräume und der wildlebenden Tiere und Pflanzen ein „kohärentes europäisches ökologisches Netz" geschaffen werden, das sich aus zwei Gebietkategorien zusammensetzt:

1. Schutzgebiete, insbesondere Lebensraumtypen und Habitate, die im Anhang I und Anhang II der Richtlinie 92/43/EWG aufgeführt sind,
2. Flächen nach Artikel 4 der Richtlinie 79/409/EWG vom 2. April 1979 des Rates der Europäischen Union über die Erhaltung der wildlebenden Vogelarten (Vogelschutz-Richtlinie).

Nach DIETEREICH (1998, S.12) ist das vorrangige Ziel von NATURA 2000 „die Erhaltung der biologischen Vielfalt in der Europäischen Union." Darunter ist zum einem die Vielfalt der Tier- und Pflanzenarten und zum anderem die Vielfalt der Lebensräume für wildwachsende Pflanzen und wildlebende Tiere zu verstehen.

2.1 FFH- und Vogelschutzrichtlinie

Da sich diese Hausarbeit nicht mit verfahrenstechnischen Fragen zur Ausweisung von Schutzgebieten u.ä. beschäftigt, sei an dieser Stelle nur auf die Schutzgebietstypen beider Richtlinien verwiesen. Demnach wird in der FFH - Richtlinie im Anhang I nach biogeographischen Regionen bzw. Lebensräumen differenziert. Dabei wird zwischen alpinen, atlantischen, kontinentalen, mediterranen, makaronesisch und borealen Regionen unterschieden (Abbildung 1).

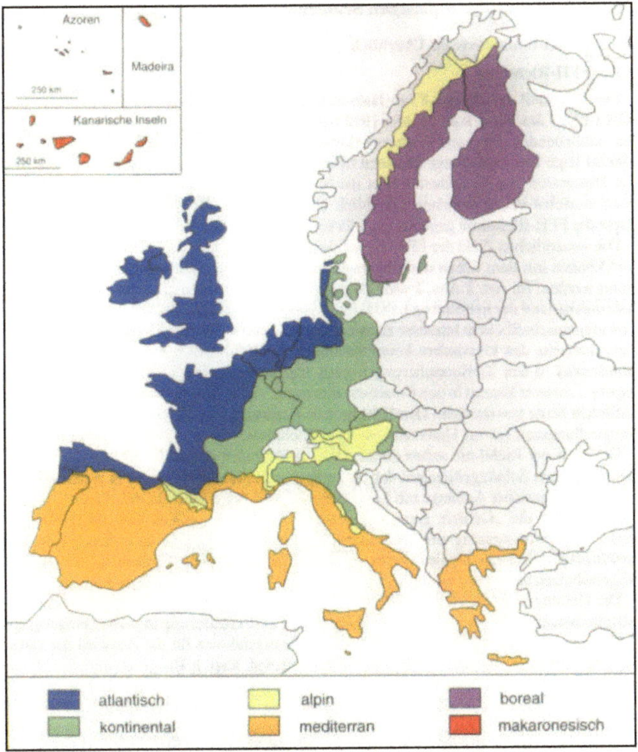

Abbildung 1: Biogeographische Regionen und Geltungsbereich der FFH - Richtlinie (Quelle: Bundesamt für Naturschutz)

In Anhang II der FFH - Richtlinie sind Tier- und Pflanzenarten aufgelistet, für deren Erhaltung besondere Schutzgebiete ausgewiesen werden müssen. Anhang III listet die Kriterien auf, nach denen die Mitgliedsstaaten ihre Vorschlagslistenzusammenstellen müssen, Anhang IV enthält die besonders streng zu schützenden Tier- und Pflanzenarten, Anhang V zählt die Tier- und Pflanzenarten von gemeinschaftlichem Interesse auf, für deren Entnahme aus der Natur eine Erlaubnis erforderlich ist und Anhang VI schreibt vor an, welche Fang-, Tötungs- und Beförderungsmethoden von Tieren verboten sind.

Die so genannten "Vogelschutzgebiete" sind besondere Schutzgebiete, die in der Richtlinie über die Erhaltung der wildlebenden Vogelarten (Richtlinie 79/409/EWG) aufgelistet sind. In Artikel 3 und 4 der Richtlinie sind die Mitgliedstaaten der Europäischen Gemeinschaften u.a. zur Einrichtung von Schutzgebieten verpflichtet.
Der Hinweis auf diese Schutzgebiete in FFH- und Vogelschutzrichtlinie ist deshalb von Bedeutung, da diese Flächen für ein vorgeschriebenes Monitoring (vgl. Kapitel 2.2) erfasst werden müssen.

2.2 Monitoring und Berichterstattung

In Artikel 11 der FFH - Richtlinie ist ein allgemeines Überwachungsgebot für alle Lebensraumtypen und Arten, insbesondere die prioritären Arten und Lebensraumtypen festgeschrieben. Prioritäre Biotope und Arten sind nur in den Anhängen I bzw. II der FFH - Richtlinie enthalten und mit einem Sternchen (*) gekennzeichnet (§ 19a Absatz 2 Nr. 5 und 6).
Des Weiteren ist in Artikel 17 der FFH – Richtlinie eine Berichtspflicht verankert, bei der die Ergebnisse der allgemeinen Überwachung nach Artikel 11, die Dokumentation der in den NATURA 2000-Gebieten durchgeführten Maßnahmen und die Bewertung des Erhaltungszustandes in einem Bericht alle 6 Jahre dargestellt werden müssen. Diese Vorgaben sind als Anlass zur Initiierung des EON2000-Forschungsprojektes genommen worden, das in Kapitel 3 und Kapitel 4 näher beschrieben werden soll.

3 Forschungsprojekt „Earth Observation for Natura2000+"

Earth Observation for Natura2000+ (EON2000+, Erdbeobachtung für Natura2000+), ist ein von der Europäischen Kommission gefördertes Forschungsprojekt, das als Fortsetzung eines frühren Projektes (EON2000) zu sehen ist. Dabei nehmen 14 Projektpartner aus 8 unterschiedlichen europäischen Ländern im Zeitraum von 2001 bis 2004 an der Umsetzung des Projektes teil. Es wurden insgesamt 15 Untersuchungsgebiete in 5 biogeographischen Zonen untersucht.

Das Ziel von EON2000+ ist es, praktisch anwendbare Indikatoren für den Umweltzustand geschützter Gebiete zu entwickeln, die im Hinblick auf den Bereich der Schaffung eines kohärenten europäisches ökologisches Netzes nutzbare Instrumente zur Umsetzung Europäischen FFH – Richtlinie darstellen sollen.

Schwerpunktmäßig befasst sich das Projekt mit folgenden Teilaspekten:

- Bedarfserfassung und de Rolle von Umweltindikatoren für Umweltschutzaufgaben
- Anwendbarkeit von Indikatoren im Hinblick auf die Schutzgebietskategorien in
  den Richtlinien (FFH-, Vogelschutz- und Wasserrahmenrichtlinie) der Europäischen
  Kommission
- Das Nutzungspotential von Fernerkundungsdaten bzw. Geo-Daten für das
  Monitoring

3.1 Struktur und Projektmanagement

Die Struktur des Projektes wurde durch die Aufteilung in verschiedene Arbeitsbereiche festgelegt, die sich im Einzelnen mit der Indikatorentwicklung, den Nutzeransprüchen, der Entwicklung eines EON-Informationssystems, der Auswertung und der Verbreitung und Dokumentation der Ergebnisse beschäftigen. Das Projektmanagment wird von der britischen Firma Infoterra ltd. wahrgenommen.

Zur Koordination der einzelnen Projektpartner untereinander wurde ein Zeitplan aufgestellt, in dem die Termine für Workshops und Treffen zu den zu bearbeitenden Themen aufgestellt wurden sind (Abbildung 2).

Meeting title	month	Location	Date	Theme
Kick-off	1	Farnborough, UK	4- 6 July 01	Project start
User Specification Workshops	4-5	In-country	Sept. 2001 – Nov. 2001	User Requirements
1st Progress	6	Montpellier, F	12 – 14 Dec 01	Indicators
2nd Progress *	12	Salzburg, A	June 2002	System
User Specification Workshops	16-17	In-country	Sept. 2002 – Oct. 2002	User Requirements
3rd Progress	18	Spain	Nov 2002	Indicators
DG Presentation *	24	tbd	June 2003	DG / Policy
4th Progress *	25	FIN	July 2003	Demonstration
User Specification Workshops	27-28	In-country	Sept. 2003 – Nov. 2003	User Assessment
5th Progress	30	Trier (D)	Nov 2003	Business
DG Presentation *	35	tbd	April 2004	DG / Policy
Final *	(on request)	Bruxelles	May 2004	EC
* Commission presence suggested.				

Abbildung 2: Zeitplan des EON2000+ Projektes (Quelle: www.eon2000plus.org)

3.2 Indikatorentwicklung

In diesem Kapitel sollen die Anforderungen an die Indikatoren in Bezug auf das Forschungsprojekt dargestellt werden. Dazu ist zuerst zu klären, was unter einem Indikator zu verstehen ist:

„Indikatoren (lateinisch indicare = anzeigen) sind allgemein Hilfsmittel, die gewisse Informationen anzeigen sollen. Sie gestatten die Verfolgung von Abläufen, indem sie das Erreichen oder Verlassen bestimmter Zustände anzeigen." (http://de.wikipedia.org/wiki/Indikator, Stand 30.9 2004).

Die Haupanforderungen an Umweltindikatoren, die dem EON2000+ Projekt zugrunde gelegt werden sind: Repräsentativität in Bezug auf die Umweltsituation, Reaktionsfähigkeit bei Änderung der Umweltbedingungen über die Zeit, gebietsunabhängige Anwendbarkeit, einfache Interpretation, wissenschaftliche Fundierung, Anwendbarkeit in europäischen Vereinbarungen, Vergleichbarkeit mit Referenzwerten und die Integrationsmöglichkeit in ökonomische Modelle, Vorhersagen und Informationssysteme.

Als erster Schritt der Indikatorenentwicklung wird dabei eine Bestandaufnahme vorgenommen, bei der bestehende Umweltindikatoren gesichtet werden.

Im zweiten Schritt wird auf der Basis der Nutzeransprüche eine Auswahl der benötigten Bereiche, in denen Indikatoren für das Projekt sinnvoll erscheinen, getroffen:

- Lebensraumdarstellungen (gesetzliche Vorgaben)
- multitemporale Veränderungen in den Habitaten
- Faktoren der Umweltzerstörung und Veränderungen
- Landschaftsstruktur
- Biodiversität
- direkte und indirekte Umweltbedrohungsfaktoren
- politische Vorgaben

Im weiteren Projektverlauf findet unter Einbeziehung der anderen Projektpartner eine weitere Konkretisierung aus den genannten Bereichen unter Berücksichtigung der genannten Anforderungen statt.

Auf eine Übersicht bzw. eine Auswahl von genauer erläuterten Indikatoren wird an dieser Stelle verzichtet, da in Kapitel 4 dieses Sujet ausführlich behandelt wird.

3.3 Nutzeransprüche

Die Ansprüche, die von den Nutzern an das Projekt gestellt werden, basieren zum Einem auf der Grundlage von Workshops, die im Wesentlichen unter den Gesichtpunkten von Artikel 3 der FFH - Richtlinie „Erhaltung der natürlichen Lebensräume und der Habitate der Arten" und der Forderung des Monitoring des Artikel 11 abgehalten werden und zum Anderen auf der Grundlage der Artikel 12 bis 16 der FFH - Richtlinie, die den Artenschutz in den Vordergrund stellen.

Neben diesen übergeordneten Ansprüchen wurden für das Projekt im darauf folgenden Schritt generelle Nutzeranforderungen zu Grunde gelegt, die für die Strukturierung des Informationssystems (vgl. Kapitel 3.4) unerlässlich waren:

1. Zustandsbeschreibung
2. räumlicher Maßstab
3. zeitlicher Maßstab
4. operationelle Bedingungen (Daten, Kosten und Nutzen)
5. Indikatorauswahl und Art der Indikatoren

Bei der der Auswahl der Indikatorart wurde auf die Ergebnisse der entsprechenden Arbeitgruppe (vgl. Kapitel 3.2) zurückgegriffen. Neben den generellen Nutzeransprüchen, wurden weiterhin allgemeine zu klärende Anforderungen wie Datenkompatibilität mit bestehenden und zukünftigen Systemen, Kosten-/Nutzenaspekte, Copyrightrechte an Geodaten und deren Veröffentlichung und die Intergierung der Indikatoren für die weitere Arbeit als wichtig angesehen.

Des Weiteren wurde bei der Festlegung der Nutzeransprüche berücksichtigt, dass die Umsetzung von NATURA2000 in den einzelnen Ländern unterschiedlich fortgeschritten ist und die Länder in unterschiedlichen biogeographischen Regionen (vgl. Abbildung 1) liegen. Dementsprechend waren länderspezifische Unterschiede zu berücksichtigen, die sich in Form unterschiedlicher Ansprüche auf die Auswahl der Indikatorbereiche niederschlägt (Abbildung 3):

Country Test Site(s)	BIOGEOGRAPHIC ZONE	Habitat(s)	REQUIREMENTS
UK England Catchment (2) Scotland(FP4 site tbc)	Atlantic	Grassland / Wetland / Woodland	Protected Areas (WFD) Urban & Rural planning (impacts) Habitat resource (total) Policy Pressure Broad level habitat maps
Finland Somero (SW Finland)	Boreal	Grassland	Biodiversity modelling
Patvinsuo (E Finland)		Mires / Forest	Habitat protection
Austria Kalkhochalpen Bluntautal Sieb. Gerlosplatte	Alpine	Forest / Grassland	Habitat monitoring (change) Habitat area (change) Habitat distribution patterns Eutrophisation assessment Distribution of sub-habitats
Germany Hoher Flaeming (NE Germany)	Continental	Woodland / Grassland, (Bogs, Heaths)	Data resources (% habitat) Landscape structure Land use/cover Habitat quality Habitat change Additional habitat data
France Camargue (S France)	Mediterranean	Wetland	To be completed *Biodiversity* *Vegetation maps* *Socio-economic pressures*
Mercantour (W Alps France)	Alpine	Grassland / Forest	
Spain Doñana (S Spain)	Mediterranean	Wetland	Habitat Maps Favourable conservation status Habitat vulnerability Threat to FCS
Norway (tbd) Russia	Atlantic/Boreal	(tbd)	(tbd)
Kurgal Peninsula (NW Russia) Egorievsk forest (Moscow)	Boreal	Forestry	Forest Resource Socio-economic activity

Abbildung 3: Ansprüche der Nutzer an die Indikatorenauswahl in den Ländern des EON2000+ Projektes (Quelle: www.eon2000plus.org)

Nach der Aufstellung der möglichen Anforderungen wurde die Machbarkeit der gewünschten Anforderungen an das Projekt unter folgenden Gesichtspunkten bewertet:

- Stehen Aufwand und Nutzen im einen akzeptablen Verhältnis zueinander?
- Wird die dargestellte Information benötigt?
- Gibt es bereits existierende Methoden/Verfahren?
- Wie könne existierende Informationen vervollständigt werden?

Unter Zugrundenahme dieser Vorauswahl und Bewertung der Nutzeransprüche kann die technische Umsetzung (Kapitel 3.4) vonstatten gehen.

3.4 Informationssystem

Das Informationssystem für das EON-Projekt basiert auf einer Website, die unter den folgenden inhaltlichen Vorgaben entwickelt wurde:

- generelle Informationen zum Projektziel und den verwendeten Methoden bereitzustellen,
- Informationen zu den Projektpartnern bereitzustellen,
- Demonstrationsmaterial bzw. Projektergebnisse darzustellen,
- Links zu weiterführenden Informationen bereitzustellen,
- eine generelle Informationsquelle zum Thema Umweltindikatoren zu sein.

Neben den inhaltlichen Anforderungen soll das System den Nutzer in die Lage versetzen, anwenderfreundlich an die Indikatorinformationen zu gelangen, die Ergebnisse der anderen Projektpartner zu vergleichen (Lerneffekt), bei der Arbeit durch technische Information unterstützt zu werden und durch Informationsmaterial einen Überblick über das Projekt zu erhalten.

Die technische Umsetzung beruht auf einem LINUX - Serversystem, das mit dem Betriebssystem „Red Hat Linux 7.3" läuft und eine vorinstallierte Web- und Dateiserverumgebung bereitstellt. Die Verwendung von Open Source Software soll zur Kostenreduzierung beitragen. Der Aufbau der Systemarchitektur ist in Abbildung Nr. 4 zu ersehen:

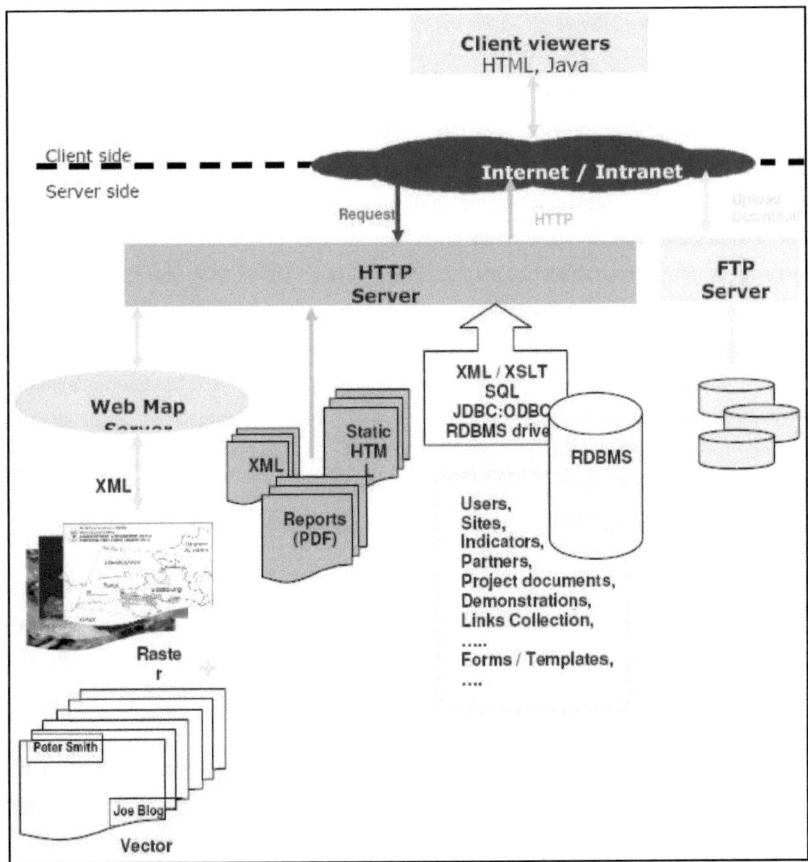

Abbildung 4: Struktureller Aufbau des Informationssystems des EON2000+ Projektes
(Quelle: www.eon2000plus.org)

Bei der softwareseitigen Entwicklung wurde auf Standardformate gesetzt, um die Austauschbarkeit und die Operabilität zu gewährleisten.

Für die Koniguration der Website wurde auf XML gesetzt. Bei XML (Extensible Markup Language) handelt es sich um „...einen Standard zur Definition von Auszeichnungssprachen..." (http://de.wikipedia.org/wiki/XML,Stand 1.10.2004). XML steht dabei in loser Verwandtschaft zu HTML, der Seitenbeschreibungssprache des Internet.

Für die Ausgabe von Rasterbildern wurde auf das JEPG (Joint Photographic Experts Group) Bildformat gesetzt, wobei es sich um ein verlustbehaftetes Kompressionsverfahren für digitale Bilder handelt. Des Weiteren kam das PNG (Portable Networks Graphic) Bildformat zum Einsatz.

Zur Darstellung von Vektorinformationen wurde das Shapeformat der Firma Esri angewandt. Mapserverfunktionalitäten zur dynamischen Darstellung von Karteninhalten wurden auf Grund der Anforderungen an das Projekt seitens der Entwickler nicht implementiert.

Die Projektinhalte wurden in einem relationalen Datenbankmanagementsystem abgelegt, welches Informationen über Projektpartner, Testgebiete, Indikatoren, Anforderungen und Beispieldatensätze vorhält.

3.5 Auswertung, Verbreitung und Dokumentation

Da es sich bei EON2000+ nicht per Se um ein rein kommerzielles Projekt handelt, wurde den Entwicklern dennoch das Ziel auferlegt, die produzierten Ergebnisse so auszulegen, das diese „effective across Europe for a variety of needs and scales of usage." (FIRST ANNUAL REPORT EON2000+, S. 26) sind.

Um dieses Ziel zu erreichen, mussten die Ansprüche der Nutzer berücksichtigt werden. Dies geschah auf Internationaler, wie auf nationaler Ebene u.a. durch sie Einbeziehung der Ergebnisse des vorangegangen EON2000 – Projektes und die Einbeziehung von Nutzerworkshops (vgl. Abbildung 2) in das Projekt.

Ferner mussten die Anforderungen an die Datenbasis des Projektes geklärt werden, d.h. in welchem geometrischen Maßstab wird welche Nutzergruppe auf welcher Ebene Zugriff auf die Daten haben wollen. Ferner muss bei der Veröffentlichung beachtet werden, dass die Daten kompatibel und konsistent zueinander sind zueinander sind. Bei Fernerkundungsdaten musste die Georeferenzierung gesichert, die Unterschiede in temporalen Auflösungen durch unterschiedliche Satelliten, mögliche Fehlerquellen durch

Wolkenbedeckung, Copyrightfragen, die Rolle von Luftbildern und die Frage der einzusetzenden Software entschieden werden.

Des Weiteren musste bei jedem Testgebebiet vorher grundsätzlich geklärt werden, inwiefern die verwendete Datenbasis vorhanden und geeignet ist, die Ergebnisse in einem vernünftigen Kosten/Nutzen-Verhältnis zueinander stehen, die Widerverwertbarkeit gegeben ist oder sozioökonomische Daten mitintegriert werden können.

Auch mussten bei der Auswertung und Veröffentlichung verschiede Ebenen berücksichtigt werden in denen die Ergebnisse benötigt werden, d.h. die europäische Ebene, die nationale Ebene, die regionale Ebene und diel lokale Ebene. Dies hat zur Folge, dass die Daten für unterschiedliche administrative Aufgaben, in unterschiedlichen Maßstäben, mit Verweisen zwischen den Ebenen und für unterschiedliche Softwareprodukte geeignet sein müssen. Dementsprechend sind auch die Servicestrukturen, d.h. die Nähe zum Anwender, Produktverfügbarkeit und –kontinuität, die Standarisierung der Daten, Datensicherheit und die permanente Anpassung des Systems an Nutzerbedürfnisse, an die unterschiedlichen Länder und Ebenen anzupassen.

Nicht zuallerletzt soll bei der Präsentation klar deutlich werden, wo sich die Lebensräume in Europa verändern und wo Umweltrisiken liegen.

Auch soll es weiterhin möglich sein, da nicht alle Antworten auf Umweltprobleme mit dem EON2000+ Projekt gelöst werden, zukünftige Forschungsergebnisse in die EON2000+ Struktur zu implementieren.

Und letztendlich sollen bei der Auswertung soziökonomische Aspekte berücksichtigt werden, d.h. „The aim of the socio-economic analysis within the EON2000+ project is to show how the social and economic value of environmental information can be estimated, and to estimate the extent to which increased environmental and socio-economic information of different types could add value." (FIRST ANNUAL REPORT EON2000+, S.29).

Bei der Veröffentlichung sollen die Projektergebnisse in so einer Form präsentiert werden, dass Wissenschaftler und Entscheidungsträger der Gesellschaft in die Lage versetzt werden, ihre Ressourcen und Mittel auf die richtigen Schwerpunkte zu fokussieren. Die Form der Informationsverbreitung geschieht dabei über die Website, über Broschüren, durch den Austausch von Informationen mit anderen Projekten und durch die Abhaltung von Diskussionsrunden, Konferenzen und Workshops.

4 Monitoring mit Methoden der Fernerkundung

In diesem Kapitel sollen die einzelnen Arbeitschritte exemplarisch aufgezeigt werden, die zur Erstellung von Umweltindikatoren auf der Basis von Fernerkundungsdaten nötig sind. Als Grundlage zur Erläuterung dient das deutsche Untersuchungsgebiet für das EON2000+ Projekt, der Naturpark „Hoher Flaeming" im Südwesten des Bundeslandes Brandenburg (Abbildung 5).

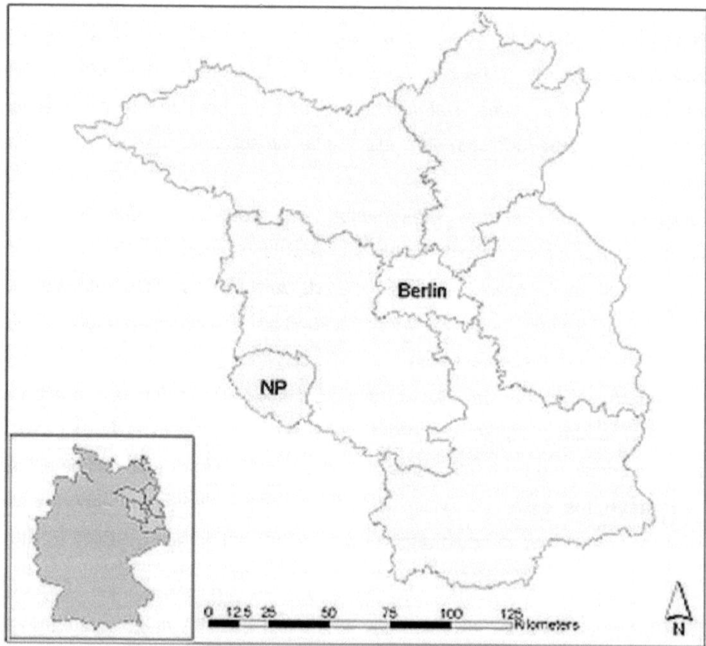

Abbildung 5: Lage des Naturparks „Hoher Flaeming" (Quelle: www.eon2000plus.org)

Das Gebiet besitzt eine Größe von 82700 ha und wird in der Einteilung der biogeographischen Regionen der kontinentalen Region zugeordnet. Die Erdoberfläche wird zum einem durch die Moränenlandschaften des Fläming und dem Baruther Urstromtal im Norden geprägt. Die Moränenlandschaft wird heute vorwiegend als Ackerfläche oder Wald genutzt, während das Urstromtal als Sumpflandschaft nur durch Entwässerungsmaßnahmen in den 60ér Jahren heute zum Teil als landwirtschaftliche Fläche genutzt wird. Insgesamt liegen 91.2 % der Fläche des Naturparks in Landschaftsschutzgebieten, bei 1 % der Fläche handelt es sich um Naturschutzgebiete und die übrige Fläche wird von Siedlungsfläche bzw. Infrastruktur in Anspruch genommen.

4.1 Vorverarbeitung der Daten

4.1.1 Datengrundlage

Als Fernerkundungsszenen wurden 2 Aufnahmen des Satelliten Quickbird mit einer Ausdehnung von 64 km^2 und 100 km^2 verwendet. Quickbird wurde am 18 Oktober 2001 von der amerikanischen Firma Digitalglobe auf eine sonnensynchrone Erdumlaufbahn gebracht. Die maximale geometrische Auflösung im panchromatischen Kanal des Satelliten beträgt 61 cm, in den multispektralen Kanälen 2,44 m. Die im Projekt verwendeten Aufnahmen weisen eine geometrische Auflösung von 64 cm im panchromatischen bzw. 2,57 Meter im mulispektralen Bereich auf. Quickbird stellt neben dem panchromatischen Kanal, im multispektralen Wellenlängenbereich die Kanäle Blau (450 - 520 Nanometer), Grün (520 - 600 Nanometer), Rot (630 - 690 Nanometer) und nahes Infrarot (760 - 900 Nanometer) als Aufnahmespektrum zur Verfügung. Die radiometrische Auflösung beträgt maximal 11 bit. Die temporale Auflösung beträgt 1 bis 3,5 Tage. Die Kosten je Aufnahme liegen bei 1700 Euro.
Weitere Datengrundlagen waren ATKIS – Daten (Kosten 200 Euro) und eine Biotoptypenkartierung aus dem Zeitraum 2002 bis 2003.

4.1.2 Mosaikbildung und Entzerrung

In der Fernerkundung und in der Photogrammetrie wir unter einem Mosaik ein aus zahlreichen, nicht entzerrten Einzelbildern zusammenmontiertes Produkt verstanden.

Nach ALBERTZ (2001, S. 118) wird eine „Mosaikbildung dann erforderlich, wenn mehrere Einzelbilder zu einem großflächigen Bild vereinigt werden sollen." Dabei ist zwischen geometrischer und radiometrischer und Mosaikbildung zu differenzieren.

Bei der geometrischen Mosaikbildung sind die Satellitenszenen verknüpft und auf ein gemeinsames Koordinatensystem transformiert, bei der radiometrischen Mosaikbildung werden Helligkeits-, Kontrast- und Farbunterschied zwischen den Bildern ausgeglichen.

Für das deutsche Testgebiet wurden diese Arbeitschritte mit der Fernerkundungssoftware Erdas Imagine, ENVI und Enhance gelöst. Dazu wurden die Bilder zuerst durch Verknüpfungspunkte vereinigt (Abbildung 6) und dann durch die Angleichung der Grauwert - Histogramme radiometrisch angepasst. Durch das Setzen von Passpunkten (Rubbersheeting) wurde die zusammenmontierte Szene schließlich entzerrt (Abbildung 7).

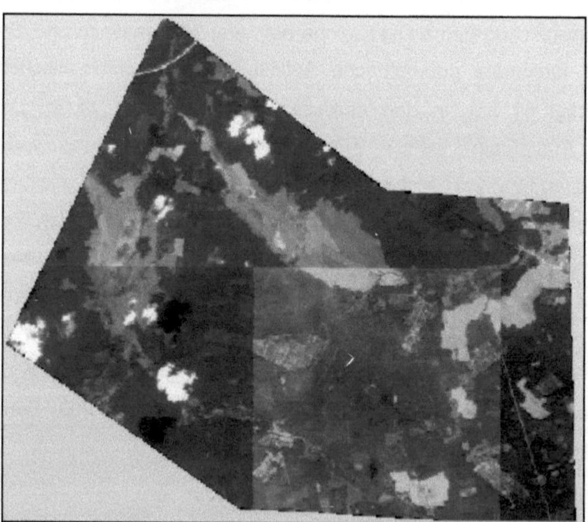

Abbildung 6: Mosaikbildung durch Verknüpfungspunkte (Quelle: http://eon2000plus.org/Background/Satellitendaten_final.pdf)

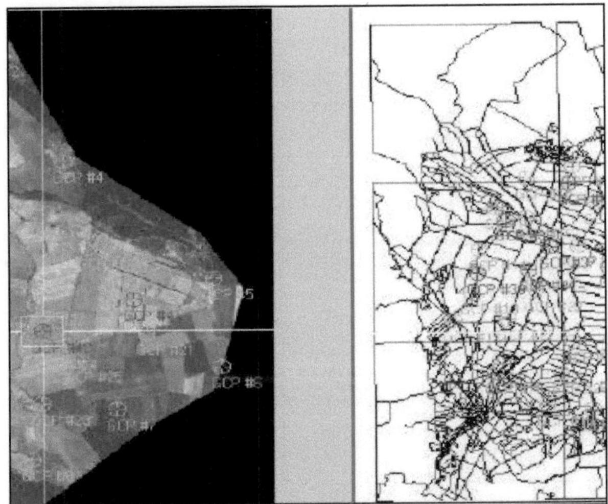

Abbildung 7: Geometrische Entzerrung durch Passpunkte (Quelle: http://eon2000plus.org/Background/Satellitendaten_final.pdf)

4.1.3 Fusionierung

Zur Verbesserung der geometrischen Auflösung ist es nach ALBERTZ (2001, S.120) zweckdienlich durch „… die Kombination von geometrisch hochauflösenden panchromatischen Daten mit Farbinformationen niedrigerer Auflösung…" ein verbessertes Bildprodukt zu erhalten. Dies wird durch so genanntes „Pan-sharpening" bzw. der Fusionierung von niedrig auflösenden Multispektraldaten mit hochauflösenden panchromatischen Daten erreicht. Dazu werden die Multispektraldaten zuerst in den IHS - Farbraum transformiert (Abbildung 8). Darnach können die Informationen des Intensitätskanals (Schwarzweißinformation) durch die Daten des panchromatischen Kanals ersetzt werden, um darauf das verbesserte Bild in den RGB - Farbraum zurück zu transformieren.

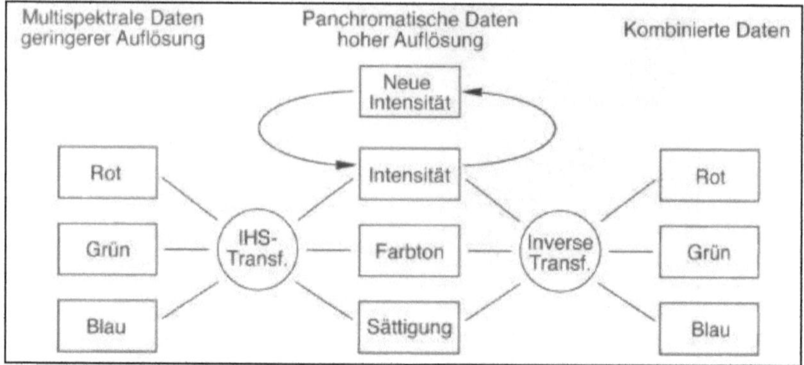

Abbildung 8: Schema für eine Bildverbesserung durch IHS-Transformation (Quelle: ALBERTZ 2001, S.119)

4.2 Segmentierung, Klassifizierung und Bewertung

4.2.1 Segmentierung mit eCognition

Im nächsten Arbeitschritt wurden die Daten mit der Software eCognition segmentiert. Die Firma Definiens Imaging GmbH entwickelte vor 4 Jahren die Bildverarbeitungssoftware eCognition zur automatischen Klassifizierung von Fernerkundungsdaten. Im Gegensatz zu anderen Bildinterpretationssoftwareprodukten geht eCognition objektorientiert vor, d.h. zur Klassifikation werden neben spektralen Merkmalen auch Textureigenschaften und Nachbarschaftsbeziehungen mit einbezogen. Grundlage für eine Klassifikation in eCognition ist die Multiresolution Segmentation, die auf dem „Region growing" – Verfahren beruht: Ausgehend von mehreren willkürlich gesetzten Saatpunkten im Bild werden gemäß der vordefinierten Homogenitätskriterien Größe, Farbe, Form , Kompaktheit und Glattheit noch nicht klassifizierte Pixel aus der Nachbarschaft sukzessive solange zu einem Segment hinzugefügt bis eine der Abbuchbedingungen nicht mehr erfüllt ist. Dieser Prozess wird solange fortgesetzt, bis alle Pixel einem Segment zugeordnet worden sind.

Neben diesem Grundprinzip bietet eCognition ferner die Möglichkeit einzelnen multispektralen Layern eine unterschiedliche Gewichtung bei der Segmentierung zu geben (Abbildung 9) oder die Pixel in einer N4- oder N8-Nachbarschaft segmentieren zu lassen. Auch können mehrere Ebenen bzw. Level von unterschiedlichen Segmentierungsergebnissen erzeugt werden, die bei einer späteren Klassifikation zueinander in Beziehung gesetzt werden können.

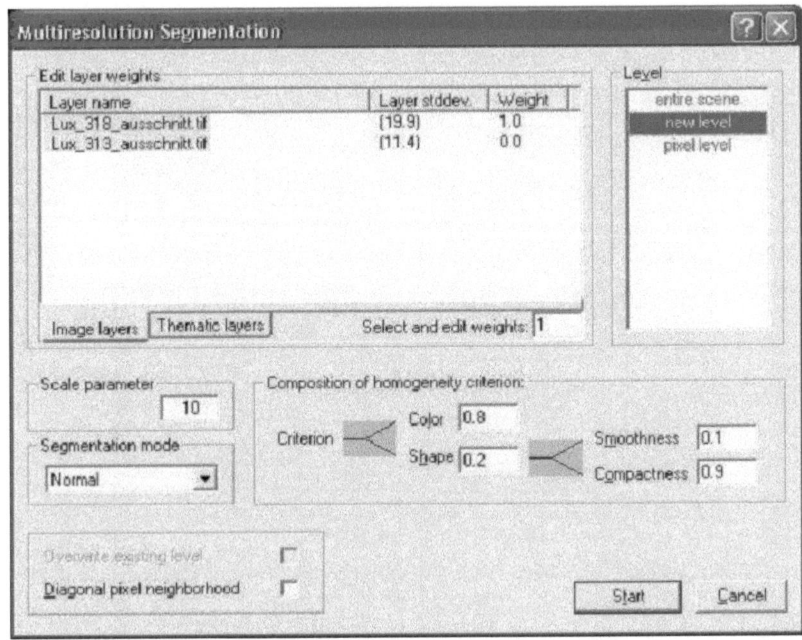

Abbildung 9 : Dialogfeld „Multiresolution Segmentation" in eCognition (Quelle: Eigene Aufnahme)

Festzuhalten bleibt auch, dass je höher der Schwellwert für die Segmentgröße (Scale) gewählt wird, desto weniger Segmente (Objekte) werden erzeugt und umgekehrt. Bei einem zu niedrig angesetzten Wert des Scaleparameter kann es zu vielen kleinen Regionen bzw. zur Übersegmentierung kommen und bei einem hohen Scalewert zu vielen großen Regionen bzw. zu einer Untersegmentierung kommen, wie es in Abbildung 10 am Beispiel von Level 6 (Übersegmentierung) und Level 3 (Untersegmentierung) zu erkennen ist. Die Wahl des Scaleparameter hängt neben der Datenbasis (geometrische Auflösung) auch von der zu beantwortenden Fragestellung ab und muss vielfach in einem zeitaufwendigen, iterativen Prozess erst bestimmt werden.

Für das deutsche Untersuchungsgebiet wurden neben den fusionierten multispektralen Daten auch die thematischen ATKIS - Daten in die Segmentierung mit einbezogen, so dass es letztendlich für zwei Testgebiete, die mit eCognition segmentiert wurden sind, zu 6 bzw. 7 Segmentierungsleveln kam, die in die objektbezogene Klassifikation miteinbezogen werden konnten .

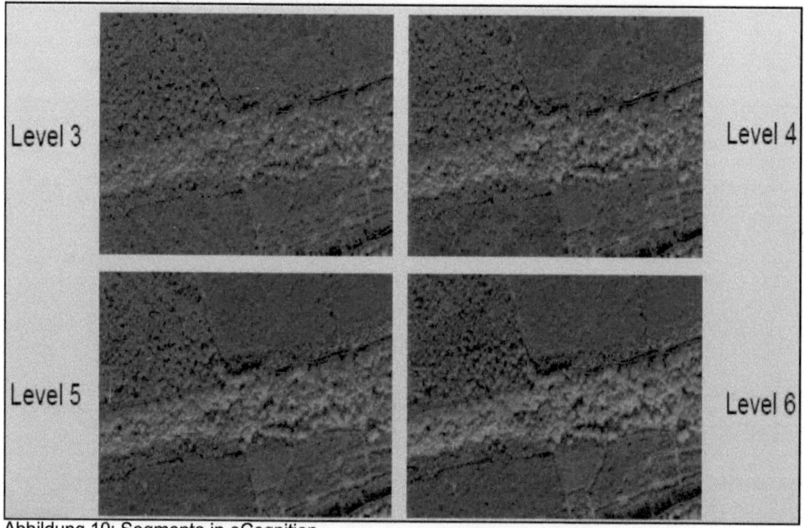

Abbildung 10: Segmente in eCognition
(Quelle:http://eon2000plus.org/Background/Satellitendaten_final.pdf)

4.2.3 Objektorientierte Klassifikation

Vorraussetzung für eine objektorientierte Klassifikation in eCognition ist die Segmentierung. Ist dies geschehen, können die segmentierten Objekte überwacht klassifiziert werden. Die Beschreibung der einzelnen Klassen geschieht in einer sogenannten „Class Hierarchy". In dieser Class Hierarchy (Abbildung 11) können neben spektralen und geometrischen Informationen auch wissensbasierte Kontextinformationen miteinbezogen werden und logisch voneinander abhängende Ober- und Unterklassen in Beziehung zueinander gesetzt werden.

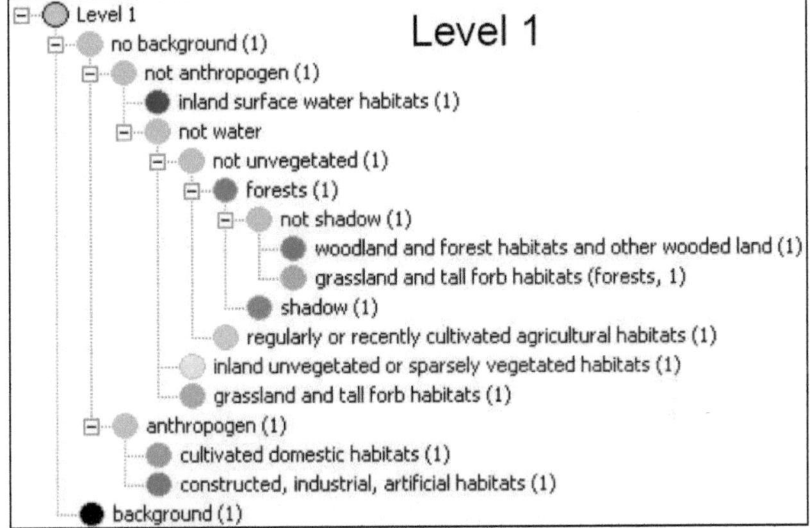

Abbildung 11: Class Hierachy des Level 1 in eCognition für das erste deutsche Testgebiet in Brandenburg (Quelle:http://eon2000plus.org/Background/Satellitendaten_final.pdf)

Als Klassifizierungsalgorithmus steht zum einem das Minimum-Distance-Verfahren (Nearest Neighbor) oder Fuzzy Logic zur Verfügung. Während beim Minimum-Distance-Verfahren die Mittelwerte aller durch Trainingsgebiete vertretenen Objektklassen bzw. Spektralbereiche im Merkmalsraum berechnet werden und dann die Zuordnung eines Pixels über die euklidische Distanz geschieht beruht Fuzzy Logic auf einem ganz anderen Ansatz:

„Von engl. fuzzy = verschwommen, unscharf, trüb. Bezeichnung für einen Ansatz, der im Gegensatz zur klassischen Booleschen Algebra nicht nur zwei Wahrheitszustände erlaubt, sondern mehrere graduelle Zustände dazwischen, d.h. Wahr und Falsch sind als Extremzustände nach wie vor Bestandteile des gesamten Konzepts. …" (http://www.geoinformatik.uni-rostock.de/einzel.asp?ID=1157578148)

Die Beschreibung der graduellen Zustände dazwischen geschieht in eCognition über Zugehörigkeitsfunktionen (membership functions). Dabei wird einem spektralen, geometrischen oder sonstigen Merkmalswert einer Klasse ein Schwellwert zugeordnet, ab dem ein wahrer (1) oder ein unwahrer (0) Zustand eintritt. Zwischen diesen Schwellwerten erfolgt die Zuweisung einer Objektklasse über eine Zugehörigkeitskurve (Abbildung 12).

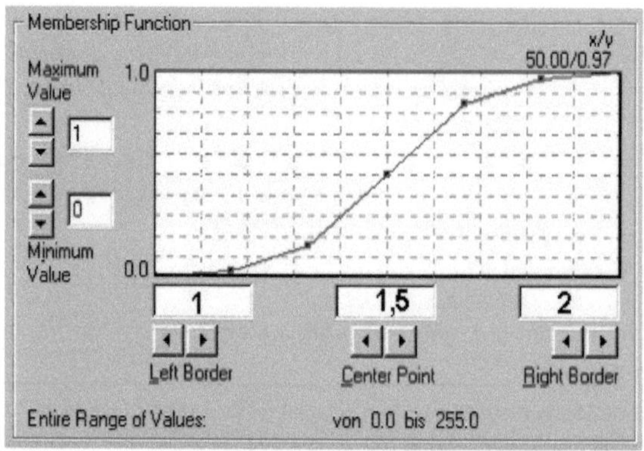

Abbildung 12: Zugehörigkeitsfunktion (Quelle: Eigene Aufnahme)

Nach der Klassifizierung der gewünschten Habitate in eCognition wurde im nächsten Arbeitschritt eine Evaluation vorgenommen, um die Güte der Klassifizierung zu bestimmen.

4.2.3 Evaluation mit ArcGIS

Zur Bewertung der Klassifikationsergebnisse wurde die Software ArcGis 8.2 der Firma Esri zum Einsatz gebracht. Dabei wurden die erzielten Klassifikationsergebnisse durch einen Vergleich mit der vorhandenen Biotoptypenkartierung in Beziehung zueinander gesetzt.. Dies geschah durch eine Overlayfunktion, bei der die übereinstimmenden Klassen bzw. Flächen herausgefiltert werden. Dabei wurden für das erste deutsche Testgebiet im Naturpark Hoher Flaeming eine Übereinstimmung von 78,95 % eine mögliche Übereinstimmung von 12,15 % und keine Übereinstimmung bei 8,90 % der kartierten Biotoptypen mit den mit den Fernerkundungsergebnissen erzielt (Abbildung 13).

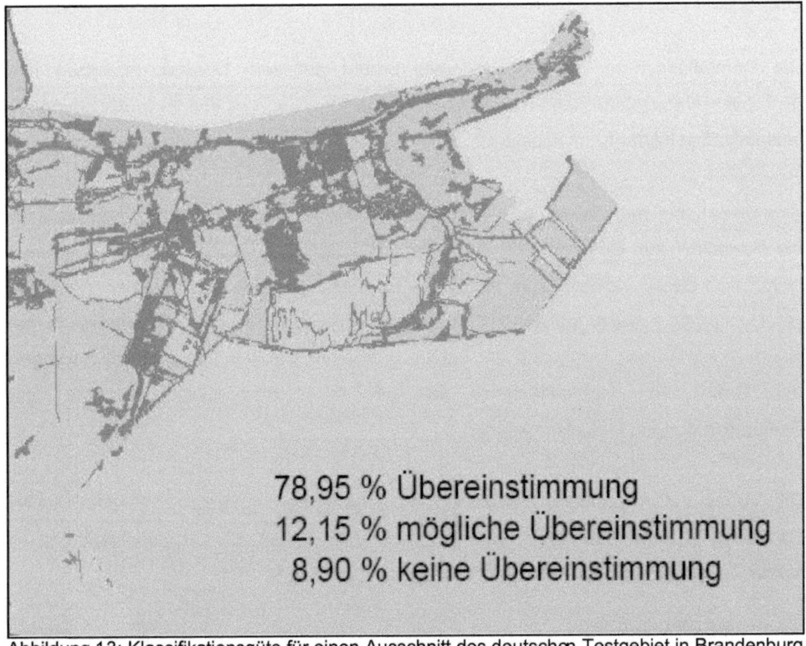

Abbildung 13: Klassifikationsgüte für einen Ausschnitt des deutschen Testgebiet in Brandenburg (Quelle:http://eon2000plus.org/Background/Satellitendaten_final.pdf)

4.3 Indikatoren

Auf der Grundlage der erstellten Klassifizierung war es nun möglich auf der Basis der Nutzeransprüche (vgl. Abbildung 3) möglich, mit den Methoden der Fernerkundung für das Untersuchungsgebiet exemplarisch Indikatoren abzuleiten. Die Vorgehensweise bei der Erläuterung der Indikatoren ist zu allererst eine Definition des Indikators zu geben, die Darstellungsform anzusprechen, die Anwendungsmöglichkeiten aufzuzeigen und den Nutzen im Hinblick auf die Evaluation von FFH - Gebieten einzuordnen.

4.3.1 Indikator „Flächenanteil"

Der Indikator Flächenanteil ist definiert als Prozentanteil einer Fläche einer fest definierten Gesamtgrösse.

Die Darstellungsform der Flächenanteile beruht auf dem Landnutzungstypen des „European Nature Information System" (http://eunis.eea.eu.int/) und ist in Abbildung 14 beispielhaft in Kartenform visualisiert.

Sinn dieses Indikators ist es, das Verhältnis bestimmter Habitate oder Nutzungstypen in ein Verhältnis zur Gesamtfläche zu stellen. Bei der Evaluation von FFH - Gebieten eignet sich dieser Indikator zum einem zur Darstellung des Anteils und der Verteilung von Habitat- oder Nutzungsflächen im Verhältnis zur Gesamtfläche und andererseits, bei einem regelmäßigen Monitoring der Flächen, zu einer Darstellung von Veränderungen der Größe von Habitatflächen, die auf den Erhaltungszustand bzw. auf Beeinträchtigungen hinweisen können.

Die Vorteil der Anwendung dieses Indikators sind im Vergleich zur herkömmlichen Kartierung in einer Zeit- und Kosteneinsparung zu sehen, da mit Satellitendaten in kurzer Zeit große Flächen erfasst und klassifiziert werden können.

Eingeschränkt nutzbar ist dieser Indikator jedoch bei der Beurteilung der Entwicklung und des Zustandes von Habitaten und Lebensraumtypen, da die Fernerkundung nur anhand der spektralen Signatur, auf der die Landnutzungsklassifizierung beruht, nicht den Zustand komplexer Ökosystemen darstellen kann. Dazu sind genaue Messungen im Gelände notwendig. Jedoch bietet der Indikator bei einem Monitoring in regelmäßigen zeitlichen Abständen eine gute Arbeitgrundlage, um bei Anzeichen von Veränderungen weitere Untersuchungen einzuleiten.

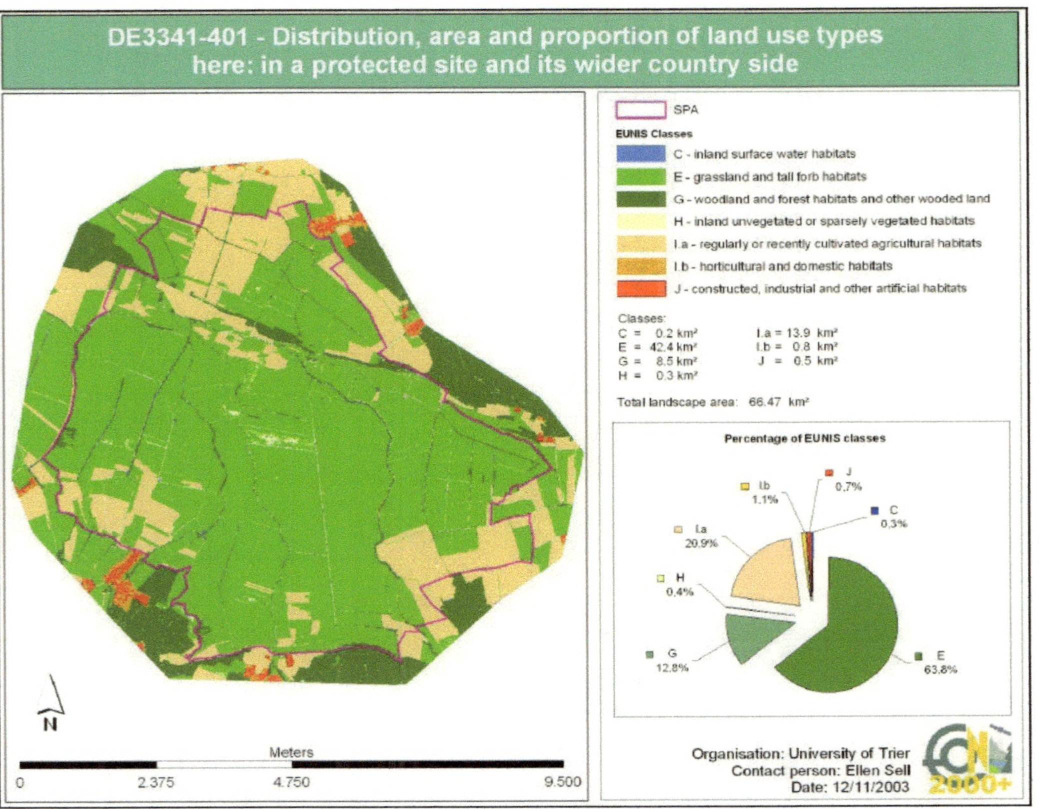

Abbildung 15: Karte „Flächenanteile"
(Quelle: http://eon2000plus.org/Background/EON-Indikatoren-final.pdf)

4.3.2 Indikator „Dichte der Strukturelemente"

Definiert ist dieser Indikator als die Dichte der punktuellen (Anzahl/km²), linearen (m/km²) und der flächigen (ha/km²) Strukturelemente in einem Flächenausschnitt.

Die Darstellung der Biotoptypen erfolgt in Kartenform (Abbildung 15).

Mit diesem Indikator kann die Strukturierung einer Landschaft dargestellt, sowie deren Veränderung über einen Zeitraum festgehalten werden.

Ferner ergibt sich durch diesen Indikator die Möglichkeit, die Biodiversität zu ermitteln. „Bio" vom lateinischen Wort „ bios": wird mit „Leben" übersetzt und das Wort „Diversität" vom lateinischen Wort „diversita" wird als Vielfältigkeit übersetzt. Im Kontext zum Indikator „ Dichte der Strukturelemente" bedeutet dies, dass die Vielfältigkeit der Flora in einem Gebiet angezeigt werden kann.

Auch besteht eine weitere Anwendungsmöglichkeit in der Raumplanung, die diesen Indikator zur Analyse der Raumstruktur, d.h. zur Analyse von „ Verteilungen, Dichten, Verbreitungen und Anteile bestimmter Raumstrukturelemente wie Wohn- und Gewerbesiedlungen, Verkehrsflächen- punkt- und bandförmige Infrastrukturanlagen, Freiflächen, land- und forstwirtschaftlich genutzte Flächen u.a.m. ." BUNDESMINISTERIUM FÜR VERKEHR-, BAU- UND WOHNUNGSWESEN (2004, S.5) nutzt.

Die Vorteile liegen in der Tatsache, dass es sich um eine zeit-, kosten- und personalextensive Monitoringmethode handelt, die in dieser Form aber für die FFH - Berichterstattung nicht vordringlich ist.

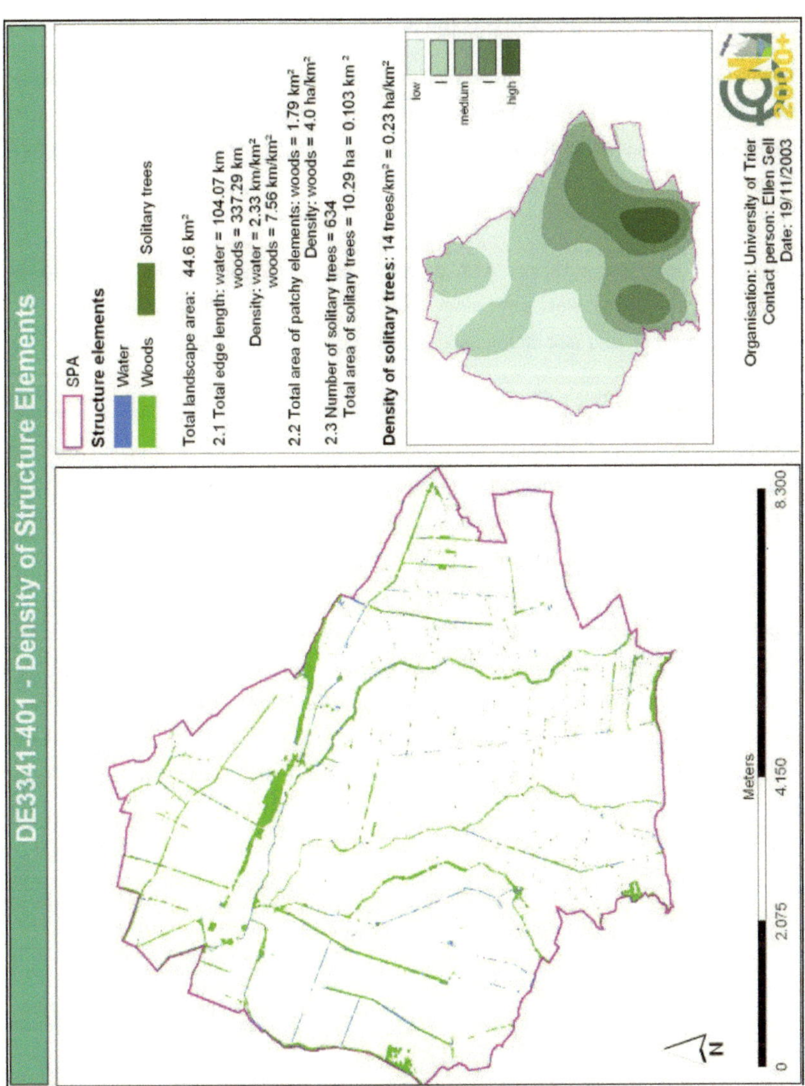

Abbildung 16: Karte „Dichte der Strukturelemente"
(Quelle: http://eon2000plus.org/Background/EON-Indikatoren-final.pdf)

4.3.3 Indikator „Zustand von Waldhabitaten"

Dieser Indikator ist definiert als Anzahl und Ausdehnung der Waldstücke in Hektar (Spanne und prozentualer Anteil an Gesamtfläche), und als die Euklidische Distanz der nächsten Nachbarn (ENN) von Beständen der gleichen Art in Metern für jeweils ein FFH - Gebiet.

Die Darstellung des Indikators erfolgt durch die Visualisierung der vorhandenen Waldtypen im Testgebiet auf einer Karte, eine tabellarische Darstellung in Balkendiagrammen und alphanumerisch (Abbildung 16).

Geeignet ist diese Form der Darstellung, um die Distanz zwischen Beständen auszudrücken, das Verhältnis von naturnahen zu bewirtschafteten Flächen darzustellen, eine Zunahme von Waldflächen zu ermitteln und die Fragmentierung natürlicher bzw. naturnaher Wälder zu dokumentieren.

Ein Vorteil dieser Methode liegt in der höheren Genauigkeit, als bei der bisher bei Vegetationskartierungen gängigen Methode des Schätzens. Ein weiterer möglicher Nutzen liegt somit auch im forstlichen Gebietsmanagement. Ferner können im Testgebiet erfolgte Waldbaumaßnahmen durch eine Zeitreihenanalyse bewertet werden. Bei allen Vorteilen, muss aber im Hinblick auf die Evaluierung von FFH - Gebieten festgehalten werden, dass dieser Indikator für die FFH - Berichterstattung nicht unmittelbar von Bedeutung ist

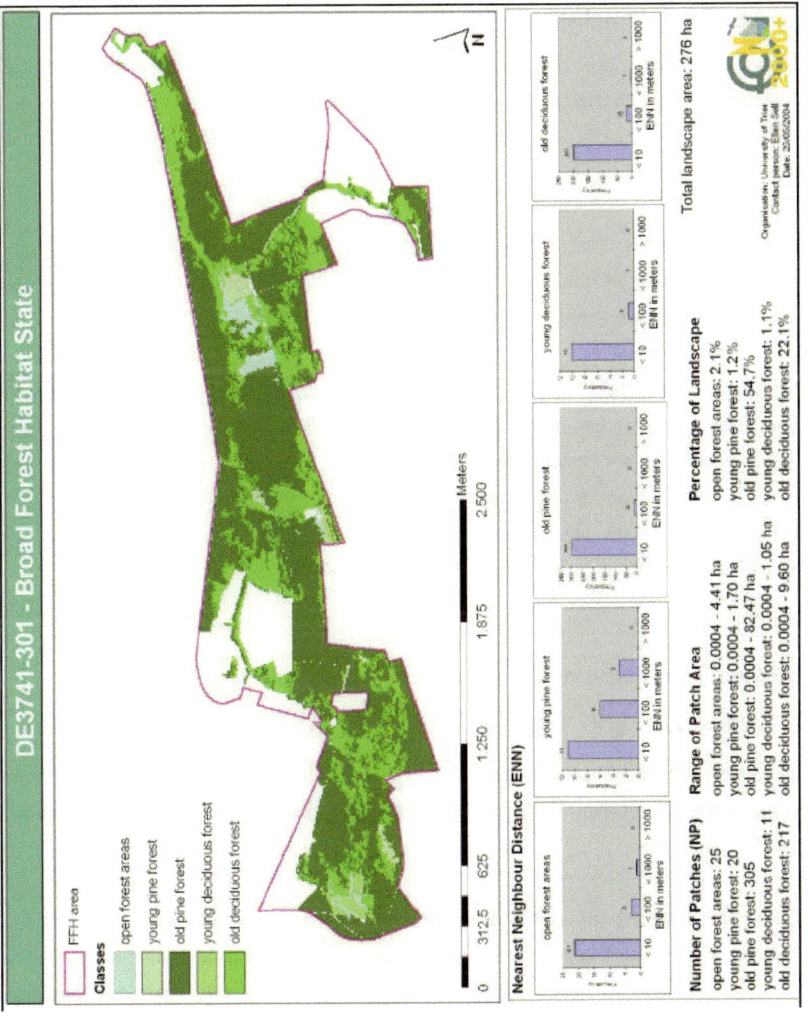

Abbildung 17: Karte „Zustand von Waldhabitaten"
(Quelle: http://eon2000plus.org/Background/EON-Indikatoren-final.pdf)

4.3.4 Indikator „Potentielles FFH Inventar"

Dieser Indikator zeigt die Veränderung der Anzahl von Flächen und/oder der Flächengröße von Anhang-I-Habitaten der FFH-Richtlinie auf.

Die Darstellung erfolgt auf einer Karte von Biotoptypen (Abbildung 17).

Geeignet ist dieser Indikator für die Darstellung der Verteilung und des Anteils von potentiellen Anhang-I-Habitaten in FFH-Gebieten. In Zeitreihe können Veränderungen (Beeinträchtigungen, Erhaltungszustand) dargestellt werden.

Vorteile dieser Methode liegen in der Zeit-, Kosten-, und Personaleinsparungen durch den Einsatz der Fernerkundung. Allerdings kann die Feststellung einer Veränderung in vielen Fällen nur ein Hinweis sein, der vor Ort genauer überprüft werden muss. Die fachliche Bewertung an Ort und Stelle durch den Experten kann durch die Fernerkundung nicht ersetzt werden. Erweiterte Analysen zu Veränderungen des Kronenschlusses können den Informationsgehalt dieses Indikators evtl. steigern.

4.3.5 Indikator „Rückgang der landwirtschaftlichen Nutzfläche"

Dieser Indikator zeigt die stillgelegten landwirtschaftlichen Flächen in Hektar an.

Dargestellt wird die absolute Abnahme der Hektarzahl landwirtschaftlicher Flächen in abgegrenzten Intervallen, in der Kartendarstellung in einer räumlichen Kombination mit den FFH-Flächen.

Da die Nutzungsaufgabe landwirtschaftlicher Flächen auf längere Sicht zum Verlust des Offenlandes führt und somit Veränderungen im Landschaftsbild und der Strukturvielfalt einhergehen, kann dieser Indikator Hinweise darauf liefern, dass der günstige Erhaltungszustand einiger FFH-Gebiete bedroht ist.
Somit liegt ein Vorteil dieses Indikators in der Darstellung eines Belastungsfaktors in Bezug zu FFH-Gebieten, aber auch als Grundlage für die Landschaftsplanung oder des Gebietsmanagements ist eine Anwendung denkbar.

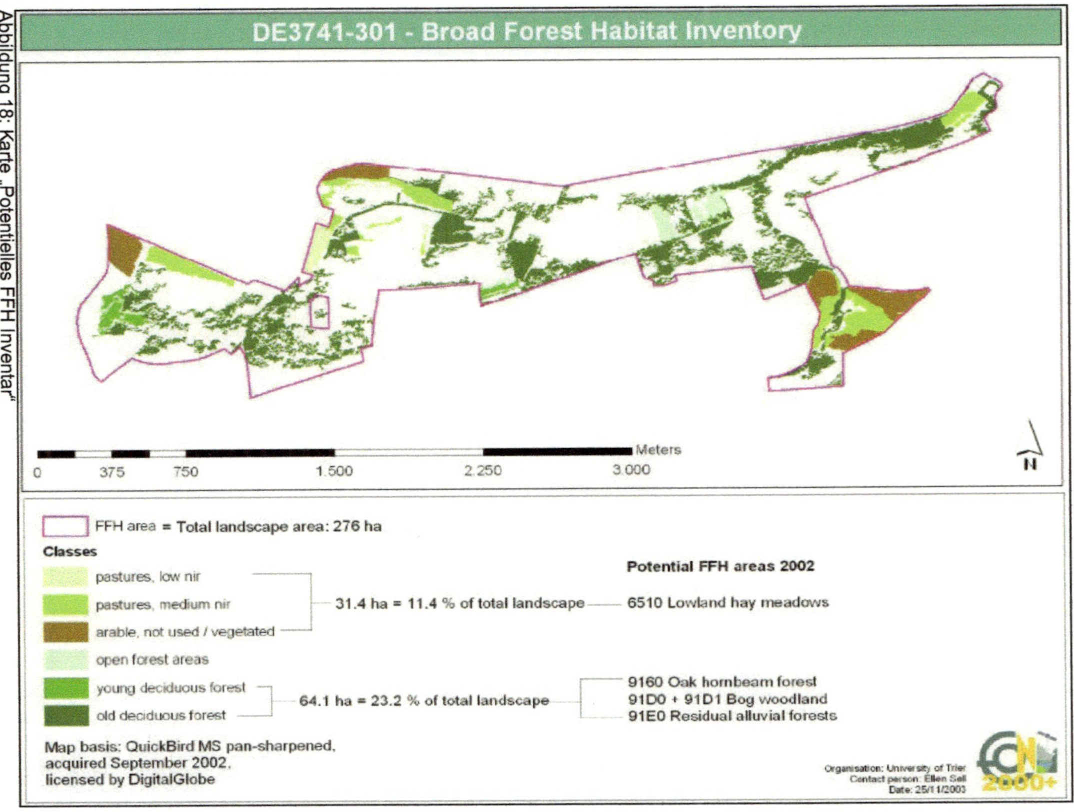

Abbildung 18: Karte „Potentielles FFH Inventar"
(Quelle: http://eon2000plus.org/Background/EON-Indikatoren-final.pdf)

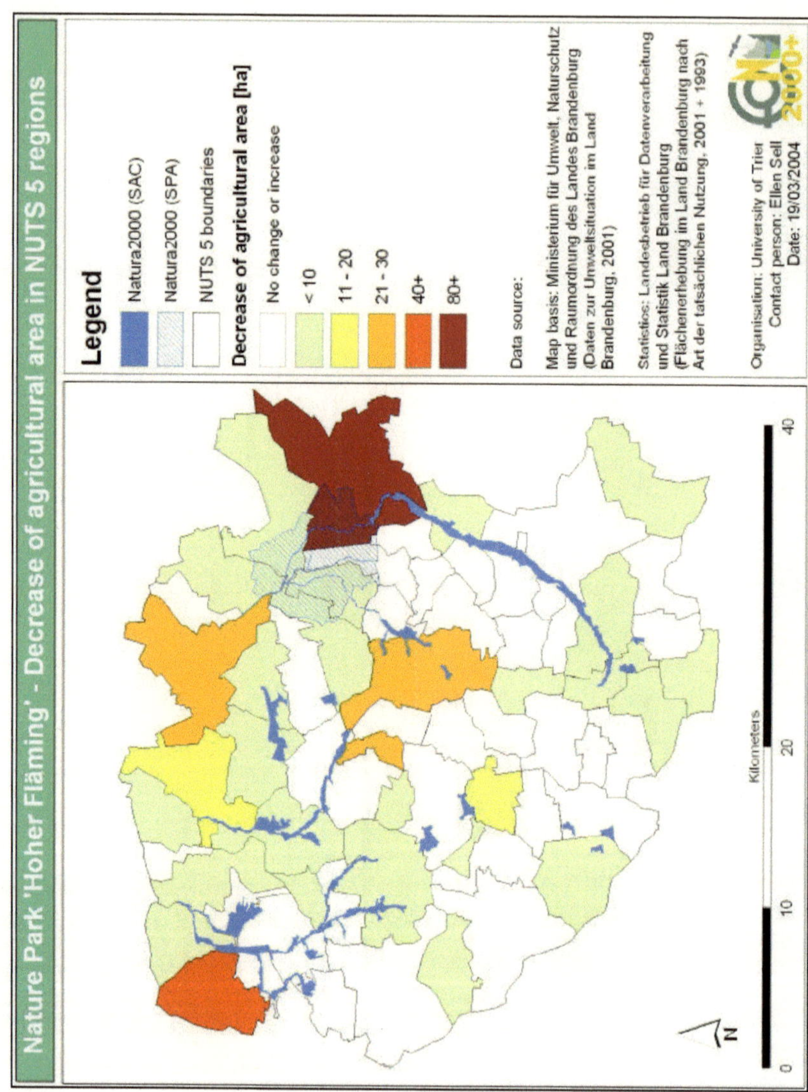

Abbildung 19: Karte „Rückgang der landwirtschaftlichen Nutzfläche"
(Quelle: http://eon2000plus.org/Background/EON-Indikatoren-final.pdf)

4.3.6 Indikatoren in anderen Ländern

Weitere Beispiele aus anderen Ländern sind die Messung der Ausbreitung von Siedlungsflächen durch die Fernerkundung in England, die Nutzung von Feuchtgebieten, d.h. die Darstellung von Trockenheit, Überflutung und Vegetationszustand (NDVI) oder das Monitoring von Moorveränderungen in Finnland.

4.4 Vor- und Nachteile der Fernerkundung

Da die Fernerkundung ein indirektes Beobachtungsverfahren ist, bei der nach ALBERTZ (2001, S.1) Informationen über Gegenstände vermittelt werden, ohne dass diese unmittelbar berührt werden müßten " liegen die Vorteile in der flächenhaften optischen Erfassung großer Landstriche.

Auf dieser Art und Weise, können im Vergleich zu herkömmlicher terrestrischer Kartierung Kosten- Zeit- und Personalressourcen geschont werden.

Des Weiteren bietet die Fernerkundung eine hohe Flexibilität bezüglich Aufnahme, Genauigkeit, Qualität und Ergebnisdarstellung.

Ferner können Fernerkundungsdaten, in digitaler Form einfach archiviert und weiterverarbeitet werden.

Außerdem können durch die Einbeziehung von anderen Wellenlängenbereichen, die über das sichtbare Licht hinausgehen, wie z.B. das Infrarot, zusätzliche Informationen über Objekte ermittelt werden.

Nachteile liegen in der Tatsache, dass direkte Messungen vor Ort durch die Definition von Fernerkundung per Se vor Ort nicht möglich sind. Das Messen mit Messgeräten vor Ort, bleibt gerade bei der Beurteilung des Zustandes von FFH - Gebieten, unerlässlich, da komplexe Ökosystemzusammenhänge von vielen Faktoren (z.B. chemische Faktoren) abhängig sind, die mit den visuellen Methoden der Fernerkundung nicht erfasst werden können.

Ein weiterer Nachteil liegt in der Tatsache, dass die Aufnahme und Auswertung örtlich und zeitlich getrennt erfolgt und somit akute Zustände nicht rechtzeitig erkannt werden können.

Des Weiteren bestehen Ungenauigkeiten bei der Indikatordarstellung, die durch die Klassifikationsgüte verursacht werden (vgl. Kapitel 4.2.3) und die in der Tatsache begründet sind, dass Fernerkundungsaufnahmen durch atmosphärische Störungen oder Wolken verfälscht werden können

5 Zusammenfassung

Als Resümee der vorliegenden Hausarbeit über das EON2000+ Projekt und die vorgestellten Methoden der Fernerkundung beliebt festzuhalten, das ein flächendeckendes Monitoring nach Artikel 11 der FFH - Richtlinie sehr wohl mit Fernerkundungsmethoden bewältigt werden kann, dass es jedoch bei der Entwicklung einzelner Indikatoren auf Grund der in Kapitel 4 beschriebenen Nachteile, die eine indirekte Beobachtungsmethode wie die Fernerkundung limitiert, zu Einschränkungen in der Anwendbarkeit kommen kann, die nur durch herkömmliche Meßmethoden am Boden nivelliert werden können.

6 Literaturverzeichnis

ALBERTZ, JÖRG (2001): Einführung in die Fernerkundung. Wissenschaftliche Buchgesellschaft, Darmstadt.

BUNDESAMT FÜR NATURSCHUTZ (1998): Das europäische Schutzgebietssystem NATURA 2000 – BfN-Handbuch zur Umsetzung der Fauna-Flora-Habitat-Richtlinie und der Vogelschutzrichtlinie. In: Schriftenreihe für Landschaftspflege und Naturschutz, Heft 53. Bonn-Bad Godesberg.

BUNDESMINISTERIUM FÜR VERKEHR-, BAU- UND WOHNUNGSWESEN (2004): Glossar zur Raumordnung. Online im Internet unter: http://www.bmvbw.de/Anlage12022/Glossar.pdf [Stand 6.10.2004]

DIETERICH, FRITZ (1998): NATURA 2000 – Europaweites Netzwerk von Vogel- und FHH-Schutzgebieten. In: Natur- und Umweltschutz-Akademie des Landes Nordrhein-Westfalen (Hrsg.) – NUA-Seminarbericht, Band 1. Recklinghausen.

EON2000+ CONSORTIUM (2002): EON2000+ First Annual Report (June 2001 – May 2002). Online im Internet unter: http://www.eon2000plus.org/ [Stand 28.9.2004]

EON2000+ CONSORTIUM (2003): EON2000+ Periodic Report Year 2 (June 2002 – May 2003). Online im Internet unter: http://www.eon2000plus.org/ [Stand 28.9.2004]

Internetquellen:

http://de.wikipedia.org/wiki/Indikator [Stand 30.9 2004]

http://de.wikipedia.org/wiki/XML,Stand [Stand 1.10.2004]

http://www.digitalglobe.com/about/quickbird.html [Stand 4.10.2004]

http://eon2000plus.org/Background/Satellitendaten_final.pdf [Stand 4.10.2004]

http://eon2000plus.org/Background/EON-Indikatoren-final.pdf [Stand 4.10.2004]

http://www.geoinformatik.uni-rostock.de/einzel.asp?ID=-1157578148 [Stand 5.10.2004]

BEI GRIN MACHT SICH IHR WISSEN BEZAHLT

- Wir veröffentlichen Ihre Hausarbeit,
  Bachelor- und Masterarbeit

- Ihr eigenes eBook und Buch -
  weltweit in allen wichtigen Shops

- Verdienen Sie an jedem Verkauf

Jetzt bei www.GRIN.com hochladen
und kostenlos publizieren